AF586819

N° 210
vril 1905

L'Assiette au Beurre

50
Centimes

EXPERT-BEZANÇON. — *C'est par philanthropie que j'ai cette usine : tous les crève-la-faim de Paris y ont passé... Est-ce que ces gens-là ont des raisons de tenir à la vie ?...*

« Les ouvriers restent environ huit jours à l'usine et sont renvoyés malades au bout de ce temps. »

— Dis donc Adrien, si on supprime la céruse, qu'est-ce que m'sieu Bezançon va f... de tout son stock?

— T'inquiète pas... paraît qu'il en fera cadeau au Tzar pour empoisonner les Japonais.

M. Abel Craissac, le dévoué secrétaire de la Fédération des ouvriers peintres, nous a adressé la lettre suivante que nous publions avec le plus grand plaisir:

FÉDÉRATION NATIONALE
DES SYNDICATS D'OUVRIERS PEINTRES.

Paris, 25 mars 1905.

Monsieur le Directeur de l'*Assiette au Beurre*

Nous apprenons que vous avez l'intention de consacrer un numéro de *L'Assiette au Beurre* aux méfaits du blanc de céruse.

Au nom de la Fédération Nationale des Syndicats d'Ouvriers peintres. je viens vous remercier du concours que vous voulez bien nous prêter.

Ecoutez cette histoire d'une campagne ouvrière, et fustigez ensuite, comme ils le méritent, les misérables individus qui édifient des fortunes en accumulant des cadavres.

Le corps médical est unanime pour dénoncer le mal et réclamer impérieusement le remède; les considérations scientifiques, les considérations humanitaires, les considérations professionnelles s'accordent sur la nécessité de faire disparaître de nos chantiers le produit qui, de l'avis du docteur Napias, le regretté directeur de l'Assistance publique à Paris, « envoie chaque année à la mort des centaines d'ouvriers, et en estropie des milliers ».

Et cela est si vrai que, tout à l'heure, nous allons accompagner à sa dernière demeure une nouvelle victime du poison, notre camarade Gouffé, père de trois enfants, demeurant à Courbevoie, 5, rue des Boudoux.

Et cela est si vrai que je suis à l'heure où je vous écris cette lettre, entouré de dix-sept malheureux infirmes, paralytiques, aveugles, anémiques, goutteux, toutes infirmités ayant pour cause le travail auquel ils ont demandé la vie, et qui leur a donné la maladie, la misère qui en est la conséquence, en attendant que survienne la mort prématurée au milieu des plus épouvantables souffrances.

Et cela est si vrai, que le docteur Laborde, membre de l'Académie de Médecine, accuse *pour Paris seulement* 1500 à 1600 ouvriers peintres infirmes et professionnellement incapables, et comme chiffre de mortalité 150.

Et cela est si vrai que le poison condamné depuis plus d'un siècle par Guyton de Morveau le célèbre collaborateur de Lavoisier, l'est encore aujourd'hui par nos plus pures gloires scientifiques.

Berthelot, Brouardel, Layet, Dieulafoy, Huchard, Babinsky, Achard, Labadie-Lagrave, Talamon, Brémond, Landrieux, Gilbert, Chauffard, Laborde, Napias, Leduc, Malherbe, Miraille, etc., etc. Voilà la phalange de ceux qui réclament pour nous la protection légale contre un empoisonnement professionnel inconcevable en notre état démocratique, à notre époque de progrès et de civilisation.

Lorsque, voilà cinq ans de cela, nous commençâmes notre campagne ouvrière, nous étions loin de prévoir les difficultés nombreuses et considérables qu'il nous faudrait vaincre. Nous ne savions pas, et ceci je l'affirme sur l'honneur, que le président de la Société des Céruses de Lille était Sénateur de la Seine. Non seulement la personne, mais le nom même de M. Expert-Bezançon nous était inconnu.

Hélas, depuis le commencement de notre campagne, ce Sénateur tient en échec tous nos efforts. Depuis que la loi est au Sénat, par ses intrigues il a réussi à paralyser l'action des hommes de bien qui mettent au dessus de toute autre considération la protection de la vie humaine.

Et cet homme néfaste, cause de tant de misères et de souffrances, a trouvé des amis complaisants, au premier rang desquels il convient de citer M. le Sénateur Treille.

M. Treille, en s'imposant au choix de ses collègues de la Commission comme rapporteur *provisoire*, a paralysé pendant dix-sept mois les travaux de ladite Commission. Il a pris des congés, marié ses enfants, procédé à des enquêtes *au cours desquelles il nia l'évidence même*; pendant ce temps-là, les peintres s'empoisonnaient, et sans l'énergique intervention de la presse indépendante, grâce à son audacieuse mainmise sur le rapport provisoire, il étouffait notre cri de révolte et de détresse.

Voilà, Monsieur le Directeur, des actes qui méritent d'être livrés à l'appréciation de nos contemporains.

Veuillez agréer l'assurance de notre sympathique considération.

Pour et par ordre de la Fédération des Ouvriers peintres.

ABEL CRAISSAC.

LES POLITESSES DE GUILLAUME

« Pardon, m'dit un vilain gommeux,
« C'est moi qui l'ai r'tenue ! »

(*Le Bal à l'Hôtel de Ville*)

Pour relier la troisième année de l'*Assiette au Beurre*

Nous avons fait établir une couverture pour réunir la collection des numéros de la troisième année de l'*Assiette au Beurre*.

Nous nous sommes adressés au relieur Magnier, le spécialiste de reliure d'art, qui nous a déjà fait les premières couvertures, ce qui, pour nous, constitue une garantie certaine au point de vue de son exécution.

Cette reliure comporte, sur un à-plat de toile imitant la basane, un estampage reproduisant, en lignes d'or, les sinuosités décoratives symboliques, évoquant, avec des masques rehaussés de couleurs, l'idée qui se dégage du titre.

Cette composition, due au jeune et déjà célèbre décorateur Preissig, sert à mettre en valeur un merveilleux dessin de Paul Balluriau.

Nous offrons cette magnifique couverture, et la table des gravures, au prix de 5 francs.

BULLETIN DE COMMANDE

Veuillez m'adresser franco la couverture de l'***Assiette au Beurre*** (troisième année). Ci-joint cinq francs en ....

....

Adresse .... Signature :

....

Adresser les commandes à l'Administrateur de l'*Assiette au Beurre*, 62, rue de Provence, PARIS.

L'ÉPREUVE

REVUE D'ART MENSUELLE

Envoi franco contre mandat-poste. — Prix du numéro 2 fr.

Adresser les demandes à M. le Directeur de l'*Épreuve*, 62, rue de Provence, Paris.

Téléphone 283-74

BULLETIN D'ABONNEMENT

*M*______________________ *demeurant à*______________________

*rue*______________________ *n°*__________ *déclare souscrire un abonnement d'un an à la Revue* "**L'Epreuve**" *pour la somme de* **20** *fr.* (*Étranger* **24** *fr.*), *à partir du*______________________ 19____.

dont il envoie ci-joint le montant par mandat ou bons poste.

A______________________ le______________________ 19____.

SIGNATURE

CHEMIN DE FER DU NORD

PARIS-NORD A LONDRES

Vià Calais ou Boulogne

Cinq services rapides quotidiens dans chaque sens

Voie la plus rapide. Service officiel de la Poste (Vià Calais)

La gare de Paris-Nord, située au centre des affaires, est le point de départ de tous les grands express européens pour l'Angleterre, la Belgique, la Hollande, le Danemark, la Suède, la Norvège, l'Allemagne, la Russie, la Chine, le Japon, la Suisse, l'Italie, la Côte d'Azur, l'Egypte, les Indes et l'Australie.

Services rapides entre Paris, la Belgique, la Hollande, l'Allemagne, la Russie, le Danemark, la Suède et la Norvège.

		Trajet en
5 Express dans chaque sens entre	Paris et Bruxelles.	4 h. 30
3 — —	Paris et Amsterdam.	9 h. »
5 — —	Paris et Cologne.	8 h. »
4 — —	Paris et Francfort.	12 h. »
4 — —	Paris et Berlin.	18 h. »
	Par le Nord-Express.	16 h. »
2 — —	Paris et Saint-Pétersbourg	51 h. »
	Par le Nord-Express bi-hebdomadaire.	46 h. »
1 — —	Paris et Moscou.	62 h. »
2 — —	Paris et Copenhague.	28 h. »
2 — —	Paris et Stockholm.	43 h. »
2 — —	Paris et Christiania.	49 h. »

Nord-Express : tous les jours entre Paris et Berlin avec continuation une fois par semaine de Berlin sur Varsovie et deux fois par semaine de Berlin sur Saint-Pétersbourg. (A l'aller ce train est en correspondance à Liège avec l'Ostende-Vienne).

Péninsulaire-Express : une fois par semaine de Londres et Calais pour Turin, Alexandrie, Bologne, Brindisi. (En correspondance à Brindisi avec le paquebot de la malle de l'Inde.)

Calais-Marseille-Bombay-Express : une fois par semaine de Londres et Calais pour Marseille (quai de la Joliette) en correspondance avec les Paquebots de la Compagnie Péninsulaire et Orientale à destination de l'Egypte et des Indes.

Calais-Méditerranée-Express : de Londres et Calais pour Nice et Vintimille. (Train rapide quotidien entre Paris-Nord, Nice et Vintimille composé de voitures de 1re classe, lits-salon et sleeping-car.) *L'hiver seulement.*

Engadine-Express : de Londres et Calais pour Coire Lucerne et Interlaken. *L'été seulement.*

LA COMMISSION D'ENQUÊTE AU SÉNAT

EXPERT-BEZANÇON. — La céruse, dangereuse?... Regardez ce brave homme : rien que d'en entendre parler, il se tord !

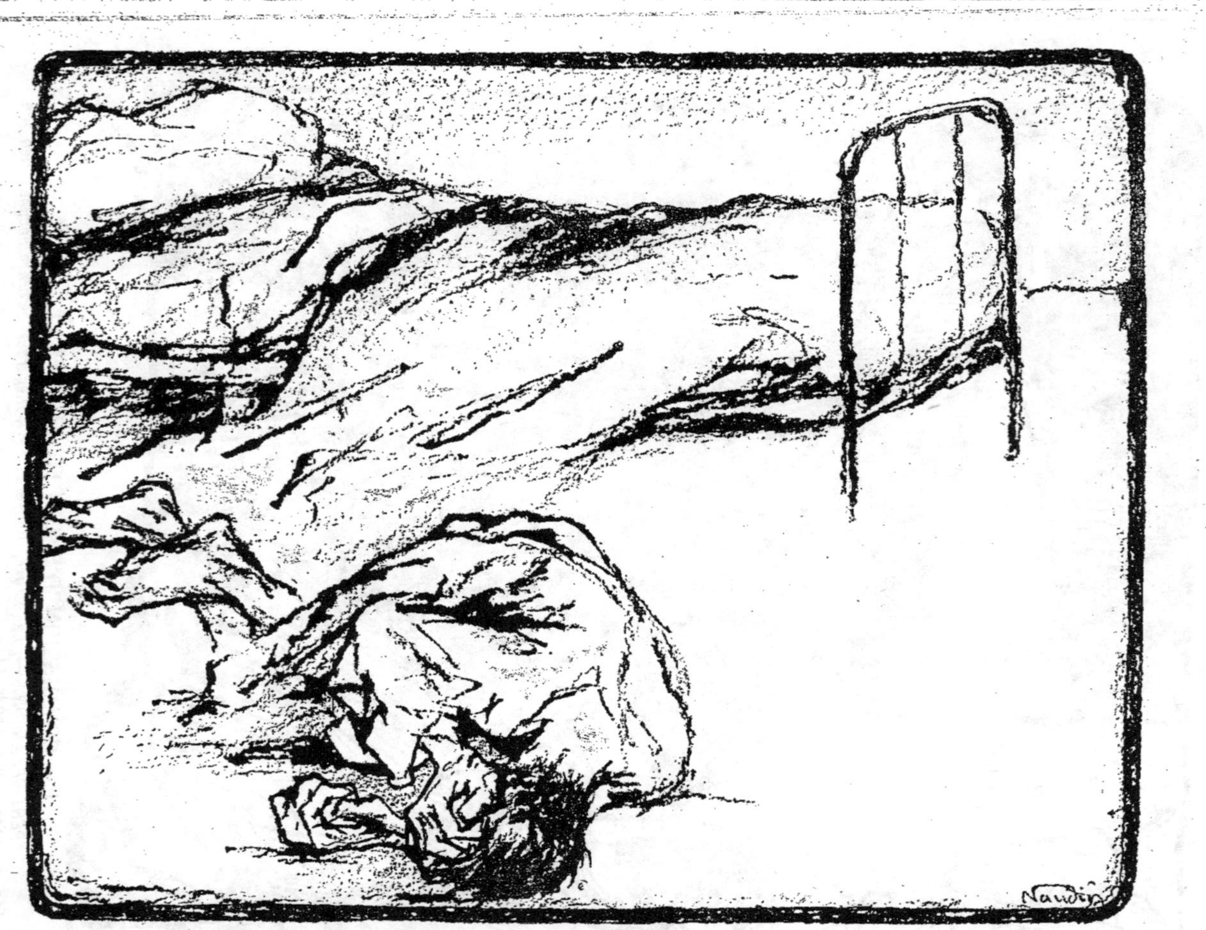

UN QUI A LES COLIQUES DE PLOMB

— Si Monsieur Treille était à ma place, il changerait sûrement d'avis !

LES ENFANTS DE SATURNE
ou LES SOUS-PRODUITS DE LA CÉRUSE

L'USINE EXPERT-BEZANÇON

Un qui n'a pas les coliques de plomb.

LE SAVANT ET... L'AUTRE

M. TREILLE.— Moi, dans le fond, je m'en bats l'œil... et puis, j'ai vu tant d'hommes plombés quand j'étais major aux Spahis !... et puis, mon cher Berthelot, si vous êtes assez fort en chimie, vous ne connaissez rien à la médecine !

— *Mais non, le blanc de céruse n'est pas dangereux : il suffit de mettre un masque.*

— L'pauvre gosse, il est voué au blanc... au blanc de céruse !

Notre prochain numéro sera consacré à

L'ESPAGNE

et signé RAPEGNO

AUX LECTEURS DE " L'ASSIETTE AU BEURRE "
QUI DÉSIRENT COMPLÉTER OU ACHETER LA COLLECTION

*Pour acheter la collection complète de l'**ASSIETTE AU BEURRE**, payable à raison de **5** francs par mois, prière de détacher le bulletin ci-dessous et de nous l'adresser 62, rue de Provence.*

*Voici la liste complète des numéros de l'**ASSIETTE AU BEURRE** parus jusqu'à ce jour. Nous pouvons fournir chacun des numéros séparément, au prix indiqué.*

NUMÉROS PARUS A CE JOUR

N°s	Auteur	Titre	fr. c.
1	Divers	Dessins divers	» 60
2	—	—	» 60
3	—	—	» 60
4	—	—	» 60
5	—	—	» 60
6	—	—	» 60
7	—	—	» 60
7bis	—	Le Cas de M. Monis	» 60
8	—	Dessins divers	» 60
9	—	—	» 60
10	—	—	» 60
11	—	—	» 60
12	—	—	» 60
13	—	—	» 60
14	Hermann-Paul	La Guerre	» 60
15	Steinlen	14 Juillet	» 60
16	Divers	Dessins divers	» 60
17	Roubille	Villégiatures	» 60
18	Divers	Dessins divers	» 60
19	Camara	Les Souverains	» 60
20	Michaël	Les Snobs	» 60
21	Divers	Dessins divers	» 70
22	Hermann-Paul	Lourdes	» 60
23	Divers	Dessins divers	» 60
24	Jossot	Les Tapinophages	» 60
25	Dubuc	Le Tsar en France	» 60
26	Jean Veber	Les Camps de Reconcentration	1 »
27	La Jeunesse	Les Tumaslu	» 60
28	Willette	Les Emmerdeurs	» 80
29	Balluriau	L'Ad-mi-nis-tra-tion	» 60
30	Van Dongen	Petite histoire, etc.	» 60
31	Gottlob	Les Pompes funèbres	» 70
32	Noël Dorville	L'Assistance Publique	» 60
33	Heidbrinck	L'Héritage	» 60
34	Jouve	Vengeances sociales	» 60
35	Métivet	Les Joujoux du Préfet	» 80
36	Ibels	La Censure	» 60
37	A. Guillaume	A nous l'Espace!	» 80
38	Camara	Les Baudins de nos jours	» 60
39	P. Balluriau	Noël	» 60
40	Caran d'Ache	Ferblanterie	» 80
41	Kupka	L'Argent	» 50
42	Welluc	Les Tueurs de Routes	» 50
43	Jossot	Fixe!	» 50
44	X. Gosé	Les Sportsmen	» 60
45	Minartz	L'Article de Paris	» 50
46	Jacques Villon	La Vie facile	» 50
H.S.	Divers	Les Falsificateurs	1 10
47	Steinlen	La Vision de Hugo	» 60
48	Valloton	Crimes et Châtiments	» 70
49	Sancha	Les Petits Métiers	» 50
50	Louis Morin	Les Masques	» 50
51	Abel Faivre	Les Médecins	1 25
52	Doës	Les Gens pratiques	» 50
53	Testevuide	Des Mensonges	» 50
54	Clément	Les Parvenus	» 50
55	Grandjouan	L'Ass. au B. municipale	» 60
56	Braun	Pour être Député	» 50
57	Kupka	Pour garder l'Ass. au B.	» 50
58	G. Meunier	L'Amour, qu'est-ce?	» 50
59	Jossot	Cra	» 50
H.S.	Divers	La Foire aux Croûtes	» 70
60	Gossé	Les Avocats	» 50
61	Braun	Têtes de Turcs	» 50
62	Noël Dorville	La Cage	» 50
63	Grandjouan	L'As. au Beu. franco-russe	» 50
64	Vogel	Danse macabre	» 50
65	Camara	L'Ass. au B. britannique	» 50
66	Delannoy	N.-Dame de l'Usine	» 40
67	Camara	Nos Généraux (1re série)	» 40
68	Léonce Burret	La Traite des Blanches	» 40
69	Mirande	L'Ass. au Beurre des Gosses	» 40
70	Divers	Cosas de Espana	» 40
71	E. Cadel	Les Fonctionnaires	» 40
72	Michaël	L'Ass. au Beurre turque	» 40
73	Sancha	Un Dimanche d'été à Paris	» 40
74	Robida	Bains de Mer	» 40
75	D'Ostoya	Der Kaiser (Guillaume II)	» 50
76	Carrier	Nos Belles-Mères	» 40
77	Cardel	La Chasse	» 40
78	Arouna Raschid	Nos Musiciens	» 40
79	Léandre	Les Monstres de la Société	» 75
80	Barcet	La Bourse	» 40
81	Baseilhac	Les Gueux	» 40
82	Camara	Amiraux et Généraux (2e s.)	» 40
83	Widhopff	La Toussaint	» 40
84	Cappiello	Gens du Monde	» 60
85	Vogel	M. le Ministre	» 40
86	R. de la Nézière	Les Chasseurs	» 40
87	Grandjouan	Le Gaz	» 40
88	Rabier	Bêtes et Gens	» 40
89	Couturier	Les Filles-Mères	» 40
90	Willette	Le Singe	» 60
91	Mirande	Noël	» 40
92	Sancha	Les Anglais chez nous	» 40
93	Cadel	Les Omnibus	» 40
94	Camara	Les Cabots	» 40
95	Chéret	Les Chérettes	» 60
96	Camara	Les Cabotines	» 40
97	Huard	Pêcheurs et Armateurs	» 40
98	L. Georges	Les Bouilleurs de cru	» 40
99	Divers	La Mano Negra	» 40
100	Preissig	Les Joies du Foyer	» 40
101	Camara	Les Académisables	» 40
102	Jossot	Passementerie	» 40
103	Dedina	Le Flirt	» 40
104	Grün	Leurs Gueules	» 60
105	Hradecky	La Bête victorieuse	» 40
106	Vogel	Rédemption	» 50
107	Galanis	Les Pharmaciens	» 40
108	Iribe	Esthètes	» 40
109	Camara	Vive l'Angleterre!	» 40
110	Grandjouan	Colonisons!	» 40
111	Poulbot	Journalistes	» 40
112	Divers	La Police	» 40
113	Divers	Les Apaches du Préfet	» 40
114	Hradecky	Les Crimes du Tsarisme	» 40
115	Georges Carré	Les Courses	» 40
116	Emery	Les Instituteurs	» 40
117	Lempereur	La Traite des Planches	» 40
118	Gosé	Les Rastas	» 40
119	Divers	Loubet à London	» 40
120	Lengo	Bistro Ier imperator	» 40
121	Divers	Pape et Papabili	» 40
122	Florane	Monstres et Satyres	» 40
123	Willette	Magistrats!	» 60
124	Divers	Les Humbert	» 40
125	—	Le Metro-Necro	» 40
126	Launay	L'Appareil!!!	» 40
127	Camara	Visions!	» 40
128	Courboin	Aux Champs	» 40
129	Divers	Erreurs judiciaires	» 40
130	Camara	Majestés et Altesses	» 40
131	Torent	La Bretagne	» 40
132	Hoetger	Dur Labeur	» 40
133	Camara	Viva l'Italia!	» 40
134	Delannoy	La Petite Ville	» 40
135	Hradecky	Trente ans d'assassinats	» 40
136	Camara	Blocards et Frocards	» 40
137	Steinlen	Les Deux Justices	» 40
138	Giris	Le Pape	» 40
139	Cahard	Les Trusts	» 40
140	Divers	Le Maroc	» 40
141	Divers	Les Messes Noires	» 40
142	Camara	Blocards et Frocards (2e s.)	» 40
143	Vogel	De Bétléhem à Rome	» 40
144	Jossot	Dressage	» 40
145	Higgins	L'Ass. au B. des pauvres	» 40
146	Geo-Dupuis	Les Dames n'entrent pas ici	» 40
147	Hermann-Paul	Les Besoins naturels	» 40
148	Divers	La Question d'Alsace-Lorr.	» 40
149	Grandjouan	A bas les Monopoles	» 40
150	Jossot	Circulez!	» 40
151	Adaramakaro	Ass. au B. Japonaise	» 40
152	Balluriau	Rastaquouères	» 40
153	Géo-Dupuis	La Hurle	» 40
154	Hermann-Paul	Un Roman	» 40
155	Roubille et Grandjouan	La Liberté de l'Enseignement	» 40
156	Jossot	Les Refroidis	» 40
157	Vogel	Le Rêve d'un Bourgeois	» 40
158	Camara	Cabotins et Cabotines (2e s.)	» 40
159	Léon-Georges	Mossieu l'Entrepreneur	» 40
160	Camara	Loubet à Rome	» 40
161	Vogel	Les Peintres	» 40
162	Kupka	Religions	» 40
163	Jossot	Le Credo	» 40
164	Divers	Postes-Télégraphe-Téléphone	» 40
165	Ricardo Florès	Les Larbins	» 40
166	Sancha	Les Traine-la-Vie	» 40
167	Camara	Les Diplomates	» 40
168	D'Ostoya	Petite Garnison	» 40
169	Jossot	Les E∴ de la V∴	» 40
170	Pezilla	Les Inutiles	» 40
171	Roubille	La Tentatrice	» 40
172	Camara	Le Million des Chartreux	» 40
173	Delannoy	Asiles et Fous	» 40
174	Hermann-Paul	Jésus de Nazareth, roi des Juifs	» 40
175	H. Gossé	La Basoche	» 40
176	Grandjouan	Rupture du Concordat	» 40
177	Kupka	La Paix	» 40
178	Jossot	La Graine	» 40
179	Hellé	Plaisirs Parisiens	» 40
180	Bellery-Desfontaines	Grandes et Petites Superstitions	» 40
181	D'Ostoya	S. M. le Monsieur de chez Maxim	» 40
182	Hermann-Paul	Chez les Jésuites	» 40
183	Divers	Paris la Nuit	» 40
184	Camara	Jaunes et Blancs	» 40
185	Radiguet	Le roman d'un jeune homme pauvre (Arthur Meyer)	1 »
186	Carl Hap	Le Taxamètre	» 40
187	Divers	Les Écorcheurs	» 40
188	Grandjouan	Le Bagne de l'Amour	» 40
189	Radiguet	La Grande Muette	» 40
190	Divers	Le Sauvetage de l'Enfance	» 40
191	Radiguet	Les Cabots Sauveteurs	» 40
192	Bernard-Naudin	Assez!	» 40
193	Divers	Boules de l'Auto	» 40
194	D'Ostoya	Pourquoi ils voyagent	» 40
195	Divers	Les petits Noëls de l'Assiette au Beurre	» 50
196	Radiguet	Le Bilan de l'Année	» 50
197	D'Ostoya	Le roi boit!	» 50
198	Divers	Les Palmes	» 50
199	Roubille	Les pensées d'un ventru	» 50
200	Grandjouan	Le Concierge	» 50
201	Divers	Le Tsar Rouge	» 50
202	Camara	Bébés Ministres	» 50
203	Grandjouan	Un Bal à l'Hotel de Ville	» 50
204	Gottlob	Les Tapeurs	» 50
205	Giris	Carnaval	» 50
206	Willette	Les Bourreaux des Noirs	» 50
207	Divers	Les Avariés	» 50
208	Radiguet	Le Privilège des avocats	» 50
209	Gottlob	Les Déguisés	» 50
210	Bernard Naudin et Radiguet	Le Blanc de Céruse	» 50
		TOTAL	103 80

BULLETIN DE COMMANDE
POUR LA COLLECTION COMPLÈTE

A M. l'Administrateur de " L'Assiette au Beurre ", 62, rue de Provence, PARIS

Veuillez m'envoyer la COLLECTION COMPLÈTE de *L'ASSIETTE AU BEURRE*, payable à raison de 5 francs par mois, jusqu'à complète libération de la somme totale, soit **103 fr. 80.**

Fait à ...., le .... 190 .

SIGNATURE :

Nom et Prénoms ....

Profession ou qualité ....

Domicile ....

*Département** ....

* Indiquer la gare la plus rapprochée.

— Ça sert à quelque chose d'avoir tant chanté sur les échafaudages... Maintenant, je peux chanter dans les cours.

EXPERT-BEZANÇON. — Eh! bien, oui, des milliers d'ouvriers en crèvent; moi, j'en vis.. Indemnisez-nous, et nous renonçons à notre industrie.

UNE VOIX. — Parfaitement juste... Qu'on fasse des rentes à tous les malfaiteurs, ils deviendront des honnêtes gens.

Un qui n'aura plus de coliques de plomb.

ABONNEMENTS : Un an, Paris, 25 fr. ; Dép. 26 fr. ; Étrang. 28 fr. La reprod. des dessins est formellement interdite en France et à l'Étranger. — Les manus. et dessins ne sont pas rendus
Rédaction et Administration : 62, rue de Provence, Paris
E. VICTOR, Imprimerie spéciale de l'*Assiette au Beurre*, 62, rue de Provence, Paris.
L'Imprimeur-Gérant : E. VICTOR.

RETRAITÉ

EXPERT-BEZANÇON. — Veinard! Comme tu as de belles mains pour demander la charité.!

www.ingramcontent.com/pod-product-compliance
Lightning Source LLC
LaVergne TN
LVHW052038160826
845678LV00003B/1411

* 9 7 8 2 3 2 9 6 3 3 4 0 4 *